奇趣动物联盟

# 动物是这样长大的

斯塔熊文化　编绘

石油工业出版社

图书在版编目（CIP）数据

奇趣动物联盟. 动物是这样长大的 / 斯塔熊文化编绘. -- 北京 : 石油工业出版社, 2020.10
ISBN 978-7-5183-4016-3

Ⅰ. ①奇… Ⅱ. ①斯… Ⅲ. ①动物－青少年读物 Ⅳ. ①Q95-49

中国版本图书馆CIP数据核字（2020）第159110号

奇趣动物联盟

# 动物是这样长大的

斯塔熊文化　编绘

选题策划：马　骁
策划支持：斯塔熊文化
责任编辑：马　骁
责任校对：刘晓雪

---

出版发行：石油工业出版社
（北京安定门外安华里2区1号楼100011）
网　　址：www.petropub.com
编 辑 部：（010）64523607　　图书营销中心：（010）64523633
经　　销：全国新华书店
印　　刷：北京中石油彩色印刷有限责任公司

---

2020年10月第1版　2020年10月第1次印刷
889毫米×1194毫米　开本：1/16　印张：3.75
字数：50千字

---

定价：48.00元
（如发现印装质量问题，我社图书营销中心负责调换）

# 欢迎来到我的世界

嗨！亲爱的小读者，很幸运与你见面！我是一个奇趣动物迷，你是不是跟我有一样的爱好呢？让我先来抛出几个问题“轰炸”你：

你想不想养只恐龙做宠物？

“超级旅行家”们想要顺利抵达目的地，要经历怎样的九死一生？

数亿年前的动物过着什么样的生活？

动物们怎样交朋友、聊八卦？

动物界的建筑师们有哪些独家技艺？

动物宝宝怎样从小不点儿长成大块头？

想不想搞定上面这些问题？我告诉你一个最简单的办法——打开你面前的这套书！这可不是一套普通的动物书，这套书里有：

**令人称奇的恐龙饲养说明。**

**不可思议的迁徙档案解密。**

**远古生物诞生演化的奥秘。**

**表达喜怒哀乐的动物语言。**

**高超绝伦的动物建筑绝技。**

**萌态十足的动物成长记录。**

童真的视角、全面的内容、权威的知识、趣味的图片……为你全面呈现。当你认真地读完这套书，你会拥有下面几个新身份：

**恐龙高级饲养师。**

**迁徙动物指导师。**

**远古生物鉴定师。**

**动物情绪咨询师。**

**动物建筑设计师。**

**萌宝最佳照料师。**

到时，我们会为你颁发“荣誉身份卡”，是不是超级期待？那就快快走进异彩纷呈的动物世界，一起探索奇趣动物王国的奥秘吧！

# 目录

不经历风雨，

怎能见彩虹？

挫折和失败都是成长路上的“必修课”。

# 动物家族好庞大

亲爱的小读者，你知道有多少种动物和我们共同生活在这个世界上吗？让我来告诉你吧，答案是：约 150 万种。是不是令你很吃惊？现在就让我们一起来看看主要的动物类群吧！

## 甲壳纲

甲壳纲动物绝大多数是水生的，以海洋种类较多。这类动物的特征就是长着一个坚硬的壳，如果攻击者想要咬它们，自己的牙齿恐怕就要遭殃了。

## 蛛形纲

你也许已经从名字看出来了，这类动物的主角是蜘蛛。此外，还有一些蝎子。这些节肢动物的头部、胸腔与躯干连在一起。它们一般长着 6～12 只眼、4 对步足、2 个螯和 2 只脚须，有的在尾部还长着可怕的毒刺。

## 鱼纲

这类动物生活在水中，相信我不说你也知道，它们用位于头部口咽腔两侧的腮吸收和溶解氧气。大多数鱼的身上覆盖着鳞片，用鳍来游泳。

## 腔肠动物

这类动物看起来就像是外星生物，它们生活在大海里，身上布满了长有大量刺细胞的触手。我们熟悉的水母、海葵和珊瑚都属于腔肠动物大家族。

## 鸟纲

鸟类的身体上覆盖着由角蛋白构成的羽毛，这并不神秘，因为我们的手指甲的主要构成物质也是角蛋白。鸟类长着两条腿和一个角质的喙，大部分鸟类父母都很合格，会耐心哺育幼鸟长大。常见的啄木鸟、鸡、鸭子，都是鸟类家族中的成员。

## 爬行纲

爬行纲动物的身上覆盖着鳞片，长着一个小脑袋，这和它们的身长显得很不协调。它们的腿部从身体的侧面伸出来，所以想要爬得很快是不可能的。但是蛇是个例外哦！因为它们采用的是滑行方式。

## 棘皮类动物

这类动物的皮肤像带刺的盔甲，它们的腿部是由沿着轴心排列的中空管组成的，我们熟悉的海星和海胆都属于这类动物。

## 哺乳动物

哺乳动物大多生活在陆地上，不会飞行。幼小的哺乳动物不是由卵孵化而来的，而是胎生的，从母乳中获取营养。我们人类也属于哺乳动物。

## 两栖纲

两栖的意思是水陆两种不同的生活方式。比如我们熟悉的青蛙和蟾蜍都是两栖生活的动物。这类动物是冷血动物，但并不是说它们的性格很凶残无情，“冷血动物”指的是它们的体温随着外界温度的变化而升高或降低。它们长着 4 条腿，皮肤总是黏糊糊的。

# 动物界的 NO.1

在动物大家族中，有些“明星动物”是那么超乎寻常。想不想知道它们是谁？接着往下看吧！

## 最笨的动物：火鸡



火鸡性情温顺，行动迟缓。它们能被风吹得哗哗响的纸声吓死，不仅如此，它们还会因为愚蠢无知，不知道躲避变化的天气而感冒或溺水而亡，真是名副其实的最笨的动物。

## 最聪明的动物：海豚

海豚是一种本领超群、聪明伶俐的海洋哺乳动物。经过训练，海豚能打乒乓球、跳火圈等。因为除了人类以外，海豚的大脑是动物中最发达的。海豚的大脑由完全隔开的两部分组成，当其中一部分工作时，另一部分可以充分休息。因此，海豚可以终生不眠。

## 嘴巴最大的鸟：巨嘴鸟



巨嘴鸟的嘴长 24 厘米，宽 9 厘米，雄鸟的喙通常比雌鸟的长。它们的叫声一般不悦耳，常常好像蛙叫声、狗吠声或者咕哝声等，少数种类拥有优美动听的声音。

## 速度最快的海洋动物：旗鱼

旗鱼是太平洋热带及亚热带大洋性鱼类，它们的第一背鳍长得又长又高，竖展的时候，像是船上扬起的一张风帆。旗鱼游泳敏捷迅速，攻击目标时，时速可超过 110 千米。它们还能潜入 800 米深的水下。

## 翅膀最多的鸟：旗翅夜鹰

在繁殖期，旗翅夜鹰的雄鸟在每只翅膀中间长出一根长羽毛，长达 38 厘米，从根部往上 20 厘米或更长是裸露的羽轴。在正常飞行时，这根羽毛是拖在后面的。当进行求偶展示时，雄鸟会快速拍动双翼，使两根长羽毛竖起，就像两面旗帜。由于没有肌肉控制这两根长羽毛，它们会随风飘动。等繁殖期一结束，雄鸟很快就会把这两根妨碍飞行的装饰品啄下来。

## 牙齿最多的动物：蜗牛

虽然蜗牛嘴的大小和针尖差不多，但却有 26000 多颗牙齿，不过它们的牙齿并不是“立体牙”。蜗牛的舌头叫作齿舌，在吃东西时，蜗牛用舌头舔舐植物，这些牙齿就像锉一样把食物磨碎，并运送到口腔内。

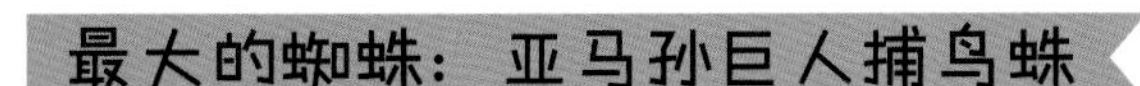

## 最大的蜘蛛：亚马孙巨人捕鸟蛛

捕鸟蛛因捕食鸟类而得名，亚马孙巨人捕鸟蛛是最大型的蜘蛛。它们生活在树洞里，可以吃下麻雀的幼仔，甚至一次吃下一只乳鸽。它们毒牙很长，一般有 5 毫米，方便将毒液注入猎物体内。

## 冬眠时间最长的动物：睡鼠

睡鼠因有冬眠习性而得名。它们的尾巴与身体差不多长，寿命通常是 5 年，但在其中四分之三的时间里，它们都在睡觉。也就是说，一年中的春季、深秋，以及冬季大约 9 个月时间里，睡鼠都处于冬眠的状态。即使在不冬眠的夏天，它们也是终日呼呼大睡，直到夜间才出来活动，在有刺的树枝上跳来跳去，寻找它们喜欢吃的浆果。

# 动物家族的怪问题

对你这个超级动物谜来说，你的小脑瓜里是不是经常会冒出很多关于动物的怪问题？快来一起看看下面的小知识，说不定你的疑惑就在这里得到了解答哦！

## 为什么蛇能吞下比头还大的食物？

在吞食前，蛇会在嘴里对捕获的猎物进行一番加工。在它的嘴里有钩状的牙齿，靠着这些牙齿，食物能顺利地进入蛇的喉头。由于没有胸骨串联肋骨，蛇的肋骨可以自由活动，所以食物可以从喉头长驱直入地进入肚子，我们也可以清楚地看到蛇的肚子被撑大了。在吞食的时候，蛇还会分泌出大量有助于吞咽的唾液，就像润滑油一样帮助它咽下食物。借助这些奇特的构造，蛇就可以毫不费力地吞下比自己的头大得多的食物，并且消化掉。

## 鸵鸟为什么会把头埋进沙堆里？

事实上，并没有人真正看到过鸵鸟把头埋进沙子里去，它们只是有时候会把头贴近地面而已。鸵鸟受惊或者发现敌情时，会把头平贴在地面上，身体蜷曲起来，伪装成岩石或灌木丛，这样就不容易被敌人发现了。另有研究认为，鸵鸟把头靠近地面可以听到远处的声音，或者可以放松颈部肌肉，消除疲劳。

## 兔子为什么会吃自己的粪便？

我们都知道兔子喜欢吃青草，但有时候兔子也会吃自己夜间排出的粪便，这是为什么呢？原来，兔子的胃很小，不会反刍。它们在白天吃了大量的嫩草后，往往会营养过剩，到了晚上便会以软粪的形式排出体外。夜里饥饿的兔子没有草可吃了，而软粪中的各种营养物质已经是半消化状态，很容易被身体吸收，所以就出现了兔子爱吃自己的粪便的现象。

## 南极的鱼为什么不会被冻死？

鱼是一种变温动物，它的体温总会随着水温的变化而变化。但南极大陆近海的水温，都是在冰点以下，这时候的鱼，身体温度就变得和水温一样低。和其他地区的鱼相比，南极的鱼体液中含有的蛋白质比较多。而蛋白质是热能的保证，是“不冻液”，也就是靠着这个“本钱”，南极的鱼才得以在寒冷的水中健康生存。

## 为什么蟑螂没有头也能存活？

人类身上有庞大的血管网络，蟑螂却没有。而且，蟑螂也不需要很高的血压，就能保证血液到达毛细血管。蟑螂拥有一套开放式的、不需要太高血压的循环系统。当砍掉蟑螂的头时，它们身上的血小板就会行动起来，使脖子上的伤口很快凝固，不至于血流不止。蟑螂的每段身体上都有一些小孔，可以通过气门进行呼吸。它们不需要通过大脑来控制呼吸功能，血液也不用运输氧。它们只需要通过气门管道就可以直接呼吸空气。同时，蟑螂需要的食物比人类要少得多。只要吃上一餐，就能维持好几周。所以，只要没有遇到掠食者，伤口又没有被细菌或病毒感染，蟑螂就算没有头也能存活一个星期。

## 珊瑚岛是怎么形成的？

珊瑚是生长在热带和亚热带海洋中的一种动物，它的体壁外层细胞具有分泌石灰质的功能。珊瑚死亡后，它的骨骼与少量石灰质藻类、贝壳等胶结在一起，就形成了珊瑚礁。天长日久，珊瑚礁越来越大，加上泥沙淤积，就变成了珊瑚岛。

## 为什么有些昆虫力量惊人？

跳蚤一跃的高度能超过身高 200 倍，蚂蚁能举起相当于自己体重 52 倍的东西。昆虫为什么有这么大的力量呢？原来，它们有特别发达的肌肉组织，使它们的力量特别大，还能帮助它们跳高、跳远和飞行。

# 防御大师们

动物世界充满各种残酷的竞争，几乎所有的动物都时刻面对着生死存亡。动物不仅要对付外来的侵略、保卫自身的生存，有时还会与本族群中的伙伴们发生冲突，为了减少伤害，它们自有一套防御术，其技巧之高超，令人难以想象。

## 自我爆炸

桑氏平头蚁的主要敌人是同栖息于树上的黄猄蚁。黄猄蚁不仅与它们争夺生存空间，还会对它们的群落进行掠夺。在面对数量众多的敌人，斗争落于下风时，桑氏平头蚁会选择牺牲自我。工蚁的腹部肌肉剧烈收缩，把体壁崩裂，将具有腐蚀性和化学刺激性的胶状分泌物喷溅到四周，对敌人造成伤害。所以，它们也被称为“爆炸蚂蚁”。

## 喷血御敌

当德州有角蜥蜴遇到危险时，它们能从眼角向捕食者喷射血液，距离可以达到1.5米。趁着捕食者惊慌失措时，德州有角蜥蜴就会逃之夭夭。

## 臭气熏敌

臭鼬长着一身醒目的黑白相间的毛皮。它们白天在地洞中休息，黄昏和夜晚出来活动。如果不幸和敌人狭路相逢，臭鼬会低下身来，竖起尾巴，用前爪跺地发出警告。如果这样的警告未被理睬，臭鼬就会转过身，向敌人喷出散发着恶臭的液体。这种液体是由尾巴旁的腺体分泌出来的，会导致被击中者短时间失明，而且那强烈的臭味在几百米内都可以闻到。因此，大部分掠食者，例如美洲野猫、美洲豹等，一般都会避开臭鼬。

## 装死绝技

生活在南美洲的负鼠是最佳演技派——装死高手。当它们来不及躲避敌害，即将被擒时，会立即躺倒在地，一动不动。此时负鼠的眼睛紧闭，嘴巴大张，肚皮鼓胀，连呼吸和心跳都中止了。追捕者触摸它们身体的任何部位，它们都没有反应。不吃死肉的敌人如果以为负鼠已经死去，就会扫兴离开，负鼠便逃过一劫。

## 冰冻自我

生活在美国的一种林蛙，当气温低于 0℃时，它们的皮肤层便开始结冰；如果气温继续下降，它们的动脉和静脉也开始出现冰冻现象，心脏和大脑随之停止工作，眼睛也变得惨白。当天气转暖气温回升时，它们又会逐渐恢复正常，活蹦乱跳的好像什么事都没有发生过一样。

## 喷墨障眼法

乌贼的体内有一个墨囊，里面有浓黑的墨汁，在遇到敌害时迅速喷出，将周围的海水染黑，并伺机逃走。

## 拟态大师

竹节虫生活在竹林里，体长达 33 厘米，是世界上最长的昆虫。竹节虫算得上是著名的伪装大师，当它们栖息在树枝或竹枝上时，就像一根枯枝或枯竹，很难分辨。竹节虫这种以假乱真的本领，在生物学上称为拟态。有些竹节虫受惊后落在地上，还会装死不动。

# 大熊猫

熊猫妈妈

从今天开始，我有了一个新的身份——妈妈。我要用尽全力保护我的小宝贝。即便你是来关怀看望，我也会大动肝火，张牙舞爪。请体谅一下做妈妈的心情吧！

## 我出生啦

刚出生的大熊猫幼仔非常弱小，身长只有 10 多厘米，体重只有 90 ～ 130 克，身上也只有一些稀疏的白色胎毛，眼睛还是闭着的，就像一只幼小的老鼠。

## 1 个月后

这时的大熊猫开始有点成年的样子了，身上换上了“黑白装”，独具特色的“熊猫眼”也非常明显了。

## 4 个月左右

这时的大熊猫能够小跑几步了，但它们最喜欢的事情还是打滚。它们会经常爬到母亲的背上玩，滚下来后又欢快地爬上去，母亲却从来不会生气。

## 半岁左右

半岁左右时，大熊猫就能吃一些嫩的竹子了。此时的大熊猫已经断了奶，身体也渐渐健壮起来，走路也越来越稳当了。

## 六七岁时

这时的大熊猫已经成年了，有着圆圆的脸颊、大大的黑眼圈、胖嘟嘟的身体。当然，它们也有锋利的爪子。成年大熊猫身长有 1.5 米，体重可以达到 100 ～ 180 千克。

## 生活习性

大熊猫一般生活在箭竹林里，不经常上树，但它们爬树的本领非常高，有时候遇到危险了，就会爬上去躲一躲。冬季，它们不会冬眠，常在冰雪里觅食。春季是大熊猫求偶的季节，其他时间它们还是喜欢独自生活。

## 大熊猫的食物

大熊猫的祖先是食肉动物，但在漫长的进化过程中，逐渐变成以吃植物为主了。在自然界，大熊猫最爱吃的是冷箭竹、大箭竹等。由于它们的消化能力弱，所以要多吃才能吸收足够的营养。一般来说，一只大熊猫一天要吃掉 20 多千克的竹子。

# 长颈鹿

小长颈鹿

虽然来到这个世界只有短短的几个小时，但是我已经能够奔跑啦！跟在妈妈身后，我睁着好奇的大眼睛，东瞅瞅，西望望。这片宽广的大草原，是我温暖的家园！

## 我出生啦

由于母长颈鹿是站着分娩的，所以刚出生的小长颈鹿脱离母体后，就会“扑通”一声掉落到地上。如果小长颈鹿顺产，一般就会先出来前肢，然后是头部；如果是后肢先出来，就是难产了。伴随着一股羊水，鹿宝宝突然掉到了地上，一个小生命就来到世界上啦！

## 20 分钟后

这时，大多数长颈鹿宝宝已经能够站立起来了，这比人类婴儿站立行走的时间快了无数倍。而且，它们的身高基本都可以达到 1.5 ～ 1.8 米。

## 数小时后

这时，幼小的长颈鹿已经学会奔跑了。而且，跟其他已经出生数周的小长颈鹿比起来，它们的区别已经不大了。

## 4岁时

经过4年的成长，长颈鹿就已经成年了，它们的身高可以达到6～8米，是世界上最高的陆栖动物。长颈鹿的颈骨和人类一样，只有7块，但是每块的长度比人类整个脖子还要长，所以它们的脖子有2～2.4米长。

## 喝水

长颈鹿有时可以几个月不喝水，因为它们所吃的枝叶中含有大量水分，可以维持生命所需。长颈鹿在喝水时经常会遭到猛兽的攻击，所以往往不会同时喝水。由于长颈鹿的腿部过长，在喝水时，它们一般都会叉开前腿。

## 超长的舌头

长颈鹿的舌头很长，可以达到46厘米。在进食时，它们的长舌可以轻松地卷住高处的嫩枝和树叶，再用舌头送到口腔里。一般来说，一只成年的长颈鹿一天可以吃掉15～19千克食物。

## 4个胃

长颈鹿是一种反刍动物，也就是说，它们吃进去的食物，会返回到嘴里咀嚼。长颈鹿有四个胃，分别是瘤胃、蜂窝胃、重瓣胃、皱胃。长颈鹿吃进去的食物会先进入瘤胃，经细菌发酵，得到初步处理，再进入蜂窝胃；在食管随意肌的帮助下，食物被送回口腔，与唾液混合，被进一步消化；经过反刍的食物会被送入重瓣胃，随后再进入皱胃。只有皱胃才是长颈鹿真正的胃，里面有胃腺可以分泌胃液，以消化食物。

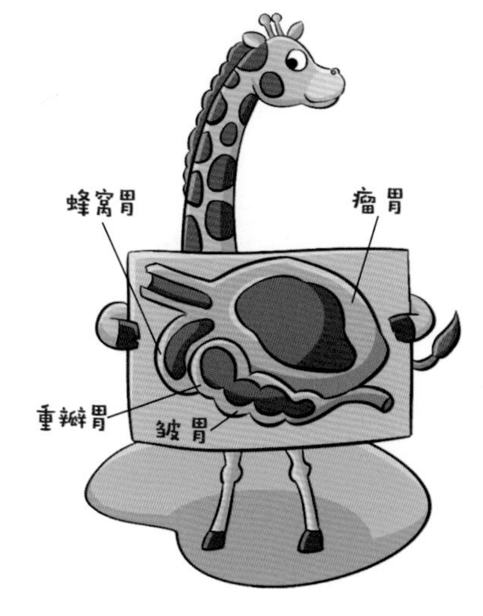

# 北极熊

小北极熊

今天我和妈妈散步时，不小心掉进了海水中。还好，我有游泳绝技，不然可就惨啦！妈妈说，北极的浮冰已经开始融化，我们的生存已经受到了严重的威胁，好可怕啊！

## 我出生啦

北极熊是在冬天出生的，而且一般都是双胞胎。刚出生的小北极熊就像一只小老鼠，整天趴在母熊的身上。整个冬天，母熊都会在雪洞中抚养小北极熊，直到春天到来。

## 冬天的猎人

当母熊和宝宝们在雪洞中冬眠时，公熊却在忙碌着，因为冬天正是捕食海豹的好时节。它们找到海豹的呼吸孔后，就会耐心地藏在附近，等海豹探出头来换气时，它们就会立刻扑上去。

## 三四个月后

出生 3 ～ 4 个月后，母熊就会带着小熊离开洞口，让它们到外面去长长见识。到了晚上，再领着它们回洞里过夜。

## 两三岁时

现在，小北极熊已经学会了如何捕食和如何在北极严酷的环境中生存了。它们可以独立活动，在水中大秀灵活的身手，活蹦乱跳的鱼儿就是它们拿来练手的“最佳道具”。

## 五六岁时

此时的北极熊已经成年了，其体长能达到 3 米，公熊的体重甚至能达到 800 千克左右。北极熊看起来很笨拙，其实它们奔跑的速度相当快，远远超过人类。北极熊很少找同类做伴，总是孤独地辗转于浮冰和陆地间。

## 游泳本领高

北极熊的游泳本领非常高。它们的脚掌很宽大，划水非常有力，身体里又储存着许多脂肪，能让它们在海面上漂浮起来。所以，就算是在冰冷的海水里，它们也能一口气游上四五十千米。

## 不怕冷的秘密

北极熊不怕冷，因为它们的身体里储存着厚厚的脂肪，可以防止体温散失，而且它们的身上还有两层毛：外层是针毛，含有油脂，在游泳时可以避免海水侵入；里层是绒毛，就像羽绒服一样有非常好的保暖作用。

# 狮子

狮子弟弟

我最喜欢和哥哥一起玩打架游戏，虽然我总是会输给它，但每次都能学到很多新的技巧。等着吧，哥哥，我很快就能战胜你了！

## 我出生啦

怀孕的雌狮在快要生产时，会离开狮群，独自躲到灌木丛或者岩缝中去生下小狮子。刚出生的小狮子非常小，眼睛还没有睁开。

## 返回狮群

小狮子出生后，由于敌人们总是在附近转悠，为了保证安全，雌狮经常用嘴将小狮子叼起来，变换藏身的地方。当小狮子能平稳行走以后，雌狮就会带着它们返回狮群。这时，小狮子们会受到整个狮群的欢迎，并很快和大家打成一片。

## 共同抚养

雌狮回到狮群后，不仅要抚养自己的孩子，还要抚养其他雌狮的孩子。因为在狮群中，所有的幼狮都是由所有的雌狮共同抚养的。一般来说，哺乳动物不会为他人的孩子喂奶，但狮子却是一个例外。

## 玩耍中成长

小狮子在悠闲玩耍时，会经常互相攻击，这样可以增强它们的体力，提高捕猎技巧，为长大后的狩猎做准备。

## 成年

狮子是一种群居动物，一个狮群通常有 4 ～ 12 只雌狮，1 ～ 2 只雄狮。在一个狮群中，当雄狮长到接近成年的时候，就会被自己的父亲或狮群中的成年雌狮赶出家门，而年轻的雌狮则可以继续留在狮群中。雄狮在草原上流浪两三年以后，就会变得越来越强壮，然后它们就会去挑战草原上各狮群的王者。如果它们战胜了某个狮群原有的王者，就会成为这个狮群新的王者。

## 威风的雄狮

狮子是世界上唯一一种雌雄两态的猫科动物，雄狮有鬃毛，而雌狮没有。雄狮的鬃毛有淡棕色、深棕色、黑色等，其长长的鬃毛一直延伸到肩部和胸部，看起来非常威风。

## 捕猎

狮子是热带草原上最凶猛的食肉动物，它们主要靠群体的力量来猎食羚羊、长颈鹿、水牛、斑马等动物。有时，它们也会抢夺其他动物的猎物或者吃腐肉。由于狮子的奔跑速度并不占优势，所以它们在捕猎时经常悄悄逼近猎物再发动突然攻击。狮群中的主要狩猎者是雌狮，但在享用猎物时，往往是雄狮吃饱后，才轮到雌狮，最后才轮到小狮子们。

# 老虎

小老虎

今天，我告别了妈妈，开始寻找自己的领地了。虽然心里很舍不得和妈妈分开，但这是我成年后必须要做的事，我会努力向前，不让妈妈失望！

## 我出生啦

一只雌虎每次会产 2 ～ 3 只幼崽。刚出生的小老虎重约 1 千克，还没有睁开眼睛，看起来就像一只大一点的猫。从这时候起，在大约一年半之内，雌虎都会寸步不离地保护小老虎。

## 1 岁左右

这时的小老虎已经开始学着捕猎了。在它们还没有成年以前，需要学习的技能有追踪、扑杀、搏击等，这些都是它们日后生存下去的必备技能。

## 成年

雌虎一般 3 ～ 4 岁成年，雄虎一般 4 ～ 5 岁成年。成年以后的老虎就要离开母亲，去寻找自己的领地了。雌虎的领地通常离母亲不远，有时母亲还会把自己的领地让给它们，而雄虎的领地通常离母亲较远，这样可以避免近亲繁殖。

## 舌头

老虎的舌头非常粗糙，上面布满了角质化的倒刺，非常坚硬。当老虎啃食猎物时，就可以利用舌头将骨头上的肉刮下来。不过，老虎可以通过舌头上的肌肉来控制倒刺的软硬，所以当它们给幼崽打理毛发时，倒刺是没有危险的。

## 虎爪

老虎的脚底长有厚厚的肉垫，因此它们行走时，总是悄无声息。它们的前爪有 5 个脚趾，后爪有 4 个脚趾，每个脚趾上都长有利爪，这些利爪就是防御和捕猎的武器。为了保护这些利爪，老虎在大部分时间都会将其收入骨质爪鞘中。

## 爬树

老虎会爬树，但是并不常见，因为老虎太重了，很多树承受不了。而且，老虎作为百兽之王，在地面难逢敌手，所以实在没有必要去爬树。

## 捕猎

老虎在捕猎时喜欢将自己隐蔽起来，它们借助身上的斑纹，经常躲藏在枝繁叶茂的树丛中，静静地等待猎物。有时猎物不过来，它们也会压低身体慢慢靠过去。当它们和猎物的距离很近时，就会突然飞身跃出，将其捕获。

# 猎豹

猎豹妈妈

“妈妈小课堂”开讲啦！我最爱的孩子们，今天我教给你们的生存技能，你们一定要牢记在心，因为这关系到你们的生死存亡！愿你们健康平安地长大……

## 我出生啦

当母猎豹要生产时，会找一个隐蔽的地方，安全地将小猎豹生下来。小猎豹出生时像个小绒球，毛茸茸的，非常可爱。为了保护小猎豹，母猎豹总是守护着它们，就算捕猎也不会走远，而且它们还经常搬家，让敌人难以摸清踪迹。



## 学习生存

小猎豹学会走路后，就要开始跟母猎豹学习生存技能了。母猎豹会带着它们到各个水源地去喝水，让它们记住水源地的位置，还要教它们辨认各种危险动物和猎物，学会观察周围的动静，站在高处环视四周等。

## 成年

一般来说，雌猎豹会比雄猎豹先到达成年。成年后的猎豹都会离开母亲，去开始新的生活。雌猎豹性格孤僻，总是独立生活。雄猎豹们则会在几个月的时间里结伴同行，帮助彼此提高捕猎的本领。它们还可能结成联盟，这种关系也许是暂时的，也有可能是永久的。

## 尾巴

猎豹的尾巴很长，超过身体的一半。当它们高速奔跑时，尾巴可以起到平衡作用。就算在急转弯时，也不至于摔倒。

## 短跑冠军

猎豹的奔跑速度非常快，兴奋时，它们可以在10～12秒的时间内将速度提高到每小时100千米。当猎豹全速奔跑时，身体几乎要离开地面，看起来就像要飞起来一样。如果人类的短跑世界冠军和猎豹进行百米比赛，就算先跑60米，依然会输给猎豹。

## 捕猎技巧

猎豹在捕猎前，会先爬到树上或站在高地四处观望，以寻找猎物，同时确认附近是否有竞争对手。当发现猎物后，猎豹就会藏匿在草丛中，慢慢靠近猎物，然后突然发起进攻。追上猎物后，猎豹会咬住对方的喉咙，使其窒息而死。

## 爬树

猎豹的爪子和很多猫科动物不同，不能全部收起，总有一部分露在外面，但这并不代表猎豹不会爬树。不过，猎豹不能像花豹那样把猎物带到树上去，它们爬上树多半是为了看得远一些。

# 骆驼

小骆驼

今天的天气可真差，漫天黄沙，遮天蔽日。还好，我和妈妈用长睫毛和双重眼睑挡住风沙，然后把鼻孔关闭，就算是沙尘暴拿我们也没办法！

## 我出生啦

只有一个驼峰的是单峰驼，生活在非洲和西亚；有两个驼峰的是双峰驼，生活在中亚。小骆驼刚出生时是没有驼峰的，看起来就像一只拥有长腿长脚的大绵羊。

## 成年

骆驼一般在 4 ～ 5 岁时成年，它们的头较小，脖子粗而长，弯曲如同鹅颈。骆驼身躯高大，四肢细长，人骑坐时也能保持每小时 10 多千米的速度，是人类在干旱地区重要的交通工具，有“沙漠之舟”的美誉。

## 野骆驼

野骆驼现在仅存于中国新疆南部、甘肃西北部和蒙古国西南部地区，一般结成 5 ～ 10 头小群体活动。每个野骆驼小群体有一头健壮的雄骆驼头领，它带着这个群体游走在荒漠中，以沙枣、甘草、骆驼刺等植物为食。

## 脚掌

骆驼的脚掌与牛马不同，又宽又厚，还有柔软的肉垫子。走路时，它们的两个脚趾会分开，避免陷入细沙之中。

## 眼睛

骆驼长着长长的眼睫毛，有着双重眼睑，在沙漠中，可以保护眼睛免受强日光照射，还能防止在沙尘暴时，沙子等异物进入眼睛。

## 鼻孔

骆驼的鼻孔可以自由关闭，当风沙厉害时，可以起到阻挡作用。而且骆驼的嗅觉还很灵敏，能在沙漠中帮助人们寻找水源。

## 驼峰

驼峰是骆驼储存脂肪的地方。在水草多的地方，骆驼吃饱喝足了，驼峰就会膨胀、直立起来。当较长时间不进食或喝水时，驼峰中的脂肪就能为骆驼提供养分，满足生存需要。因此，骆驼能在沙漠中生存，与驼峰的重要作用是分不开的。

# 大象

小象

我长大啦！能给人类帮忙啦！我用长长的鼻子，帮助他们把木头从森林里运送出去。他们竖起大拇指，夸我是位好帮手。得到他们的表扬，我的心里美滋滋的！

## 我出生啦

刚出生的小象大约有 120 千克，它们一生下来就能吮吸母亲的乳汁。在最初的几个月里，它们只吃母乳，半岁之后才开始吃青草。

## 成长

母象非常疼爱自己的孩子，总是将它们带在身边。当象群迁移时，母象会走在前面带路，小象走在中间，雄象则跟在后面。与其他哺乳动物相比，母象照看孩子的时间要长得多，可以达到 10 ～ 12 年。

## 成年

成年的亚洲象身长 5.5 ～ 6.4 米，体高 2.2 ～ 3.2 米。成年的非洲象体型更大，身长可达 6 ～ 7.5 米，体高 2.4 ～ 4 米。由于亚洲象性情温顺，很早就被驯化作为家畜饲养，尤其是在东南亚，它们帮助人们运送木材、开荒种地等。非洲象性情暴躁，还没有被真正驯化的记录。

## 象牙

大象的牙齿是臼齿，因为后面新长出来的臼齿不断挤压，就长出嘴外了，而且越来越长。非洲象不管雌雄都有长长的象牙，而亚洲象只有雄象有长牙，雌象是没有外伸的象牙的。由于象牙材质温润细腻，色泽特别，常常被用来制作高档饰品，因此大象经常遭到非法的残忍捕杀。

## 象鼻

大象的长鼻子肌肉发达，又非常柔软，具有缠卷的功能，是大象自卫和取食的重要器官。大象能用长鼻子从树上摘取树叶和果实，也能吸水喷洒在身上为自己洗澡，还能拿起或大或小的物体。另外，大象的嗅觉也非常灵敏，远远超过了狗。

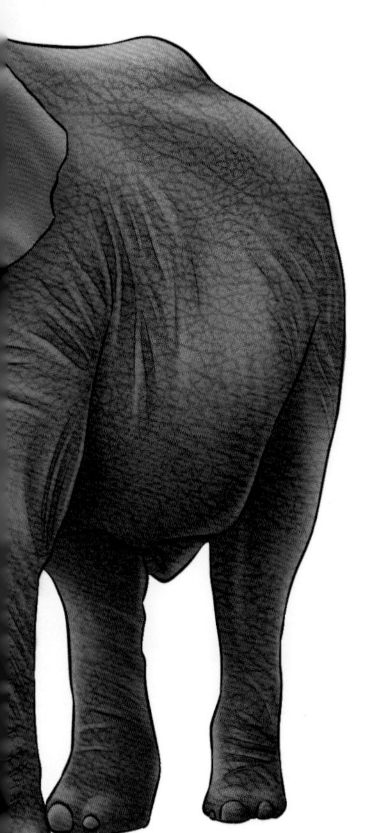

## 喝水

人们经常看到大象用长鼻子吸水，所以很多人以为大象是直接将鼻子当成吸管来喝水的，其实不然。在大象喝水时，它们只是先把水吸入鼻子，并控制在鼻腔中，然后再把长鼻子伸进嘴巴，把水吐进嘴里，这样才能把水咽到肚子里。

## 交流

大象可以发出人类听不到的次声波，互相进行交流。如果相隔太远，听不到次声波，大象又需要交流，就会用力跺脚，产生强大的“轰轰”声。当声波传到远方的大象那里时，就会通过它的脚掌，继而通过骨骼传到内耳，这样大象就听到声音了。

# 蝴蝶

小蝴蝶

今天，我的翅膀终于舒展开啦！我可以飞翔了。我的前后翅不是同步扇动的，在飞翔时波动很大，“翩翩起舞”这个词，就是根据我们飞翔时优美的姿态创造出来的吧！

## 卵

蝴蝶的卵因种类不同而有所区别，形状有圆球形、馒头形、梨形等，颜色有红、白、绿等。卵中的新生命成熟后，就会破壳而出，这就是蝴蝶的幼虫。

## 幼虫

蝴蝶的幼虫大多吃植物的茎、叶、花等，所以对植物有危害性。蝴蝶的幼虫无法在自己的保护层内成长，所以在生长过程中，需要蜕掉身上的皮，再长出新皮。一般来说，它们需要蜕皮 4 ～ 5 次，才能进入蛹期。

## 蛹

一般情况下，蝴蝶的幼虫会在植物叶子背面隐蔽的地方，用几条丝将自己固定住，然后化成蛹。蝶蛹与外界接触的通道是气孔。在蝶蛹变为成虫前，就会长出两翼、触须等器官。当它们从壳中出来时，就变成蝴蝶了。

## 成虫

蝴蝶从蛹中出来的过程叫羽化。刚羽化的蝴蝶身上有两对又皱又小的翅膀，但是在几十分钟后，翅膀就会不断充盈扩展，最终变成又大又薄的翅膀。

## 拟态

在自然界中，有的动物会在形态、行为等特征上模拟另一种生物，借以蒙蔽敌害、保护自身，这就是拟态。枯叶蝶是一种有名的蝴蝶，形似一片枯叶，当遭到天敌追捕时，只需收起翅膀静静地等待，天敌是很难发现它的。

## 警戒色

许多有剧毒的动物有着鲜艳的体色，对敌人可以起到一种威慑和警告的作用，这就是警戒色。蝴蝶也有警戒色，比如猫头鹰蝶，它们的翅膀上长着像猫头鹰眼睛一样的图案，看起来凶神恶煞，可以吓退胆小的敌人。

## 蝴蝶效应

蝴蝶效应是指在一个动力系统中，微小的变化最终使整个系统发生巨大的连锁反应。常见的阐述就是：“亚马孙热带雨林中的蝴蝶扇动几下翅膀，可以在两周以后引起美国的一场龙卷风。”也就是说，一件看来很小的事，可能导致一系列变化，最终引发严重的后果。

# 青蛙

小青蛙

看到哥哥们在阳光下捕食，我好羡慕呀！可惜我还小，容易被太阳光灼伤，只能躲在荷叶底下。我相信，过不了多久，我就能像它们一样健壮啦！

## 卵

青蛙产卵时，大多是把卵粘在靠近水的树叶或石头上，这样蝌蚪一孵化出来，就会掉入水中。有的青蛙具有卵胎生性，幼蛙会在母体中发育成形后再生出来。还有的青蛙会把卵吞进自己的胃中，然后不吃不喝，直到小青蛙从嘴巴里跳出来。

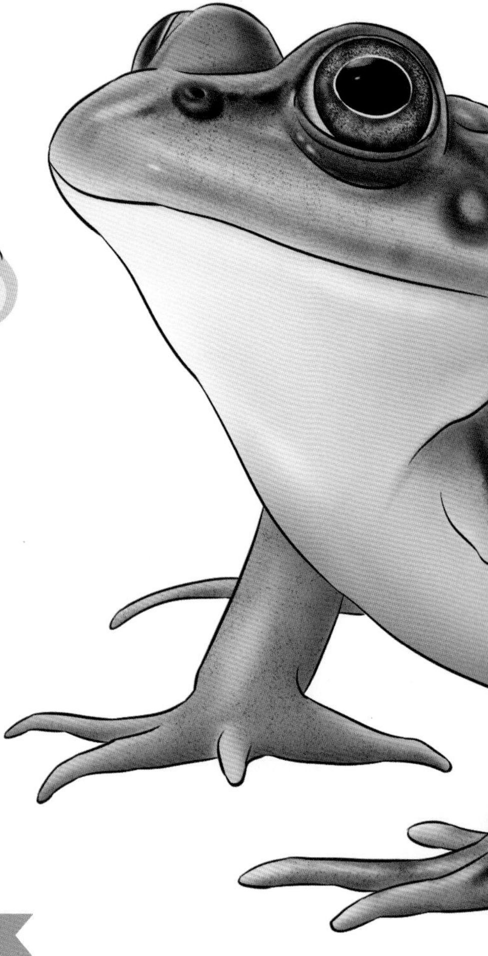

## 蝌蚪

青蛙的卵发育到一定程度就会破裂，长着长尾巴和外腮的小蝌蚪就游了出来。接着，小蝌蚪不断成长，先是出现后腿，然后腮进入体内，接着前腿出现，尾巴消失，就变成青蛙了。

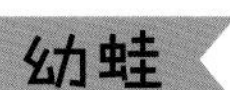

## 幼蛙

蝌蚪变成幼蛙后，身体内部构造发生了巨变，生活习性也发生了变化，从水栖变成了水陆两栖，从植物食性变为动物食性。此时，幼蛙的身体还比较虚弱，对环境的适应能力不强，对太阳光非常敏感，很容易被灼伤，所以它们总是躲在阴影处，吃一些小虫子。

## 成年青蛙

幼蛙经过大约三年的成长，就变成了成年青蛙。不同种类的青蛙，成年个体的体重差异非常大。小的只有几克重，大的却有几千克重。

## 鸣叫

夏天的雨后，在池塘边、小河边，到处都可以听到群蛙齐鸣的声音。青蛙的叫声很大，因为雄蛙的口角两边长有一对气囊。当它们鸣叫时，气囊就会鼓起来，像两个球一样。这对气囊就像雄蛙的音响，会增强它的鸣叫声，来引起雌蛙的好感。

## 捕食

青蛙的舌头是捕食猎物的武器，不但很长，前端还分叉，分泌出黏液。当发现猎物后，青蛙就飞快地张开大嘴，伸出长舌头粘住猎物，然后用舌尖把猎物卷起，再送入口中。

## 庄稼的保卫者

青蛙主要捕食蚜虫、稻苞虫、螟蛾等农业害虫，每只青蛙一天大约要吃60多只害虫，是庄稼的可靠保卫者。

# 猴子

小猴子

唉，今天我被爸爸赶出家门了，并不是因为我犯错误了，而是因为我成年了，要自己面对生活啦！我一定可以在野外生活得如鱼得水，要知道，我可是拥有发达的大脑的！

## 我出生啦

猴子每年会繁殖 1 ～ 2 次，每胎可产下 1 ～ 3 只小猴。小猴很小的时候生长得非常缓慢，在哺乳期的很多时候都是趴在母亲的胸前或者腹部，有时也骑在母亲的背上，由母亲带着一起活动。

## 成长

猴子有较长的童年，有时长达三年。当它们年幼时，总会跟着自己的母亲。当小猴子慢慢长大，便会和其他同年的猴子玩耍。通过一起玩耍，小猴子可以学会如何过群体生活和一些天然技能，例如攀爬树木。

## 成年

猴子都过着群居生活，所以小猴子成年以后，依然会在猴群中生活。它们大多是杂食性，以植物为主，当然对于唾手可得的肉食，它们也不会放弃。猴子的寿命一般是 20 年左右。

## 猴王

在一个猴群中，所有的公猴会在相互搏斗中争夺猴王宝座。猴王可以与所有的母猴交配，而且能享受最好的食物。猴王在位期间，所有的猴子都会对它毕恭毕敬，但当它年老力衰时，就会受到其他公猴的挑战。如果猴王落败，就会被推翻下台，猴群就会换一个新的猴王。

## 猴屁股

猴子的红屁股总是那么引人注目，因为它们是非常喜欢坐着的动物，所以屁股常在地上蹭来蹭去，毛被磨掉后，毛细血管丰富的皮肤就露出来了。

## 颊囊

猴子的面部长有颊囊，这是一个特殊的空间，当猴子发现食物以后，经常将其塞在嘴里，这时它们的腮帮子就会鼓出来两个肉球。它们可以暂时把食物贮藏在这里，然后再找个地方慢慢吃。

## 金丝猴

金丝猴是中国一级保护动物，分布在中国西南地区，大多生活在森林里。它们全身披着金黄色的长毛，毛长可达 20 厘米，且毛质柔软，极其珍贵。金丝猴具有典型的家庭生活方式，成员之间相互关照，一起觅食、一起玩耍休息。未成年的小金丝猴有着强烈的好奇心，非常调皮，也很受父母宠爱，但小公猴成年后就会被爸爸赶出家门，只能自己到野外独立生活。

# 蜜蜂

工蜂

身为工蜂的我，今天的工作是侍奉蜂王产卵，累得精疲力尽。不过，只要一想到我所做的一切，都是为了壮大我们蜜蜂家族，就会觉得所有的付出都是值得的。

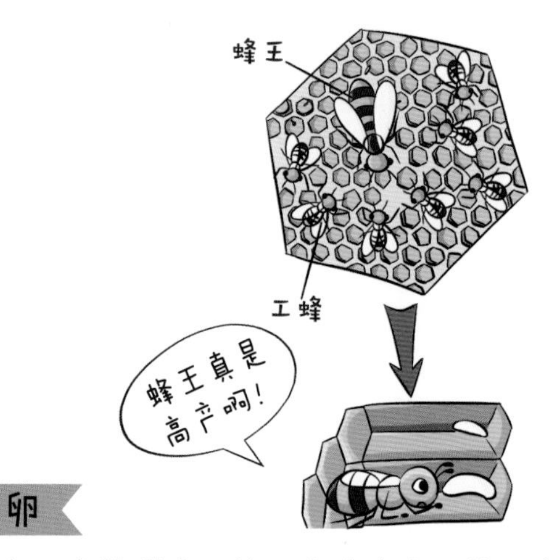


## 蜂卵

在一个蜂群中，蜂王负责产卵。蜂王产卵时，好多工蜂在旁边侍奉着，它们一天可以产上千枚卵。香蕉形、乳白色的蜂卵产下后，会被工蜂送进孵育室，然后用蜂蜡封起来。

## 幼虫

蜂卵中的胚胎发育几天后，就会孵化为幼虫。幼虫为白色，起初呈C字形，在成长过程中会逐渐伸直。幼虫的头会朝向巢房，工蜂们则会忙碌着照顾它们。

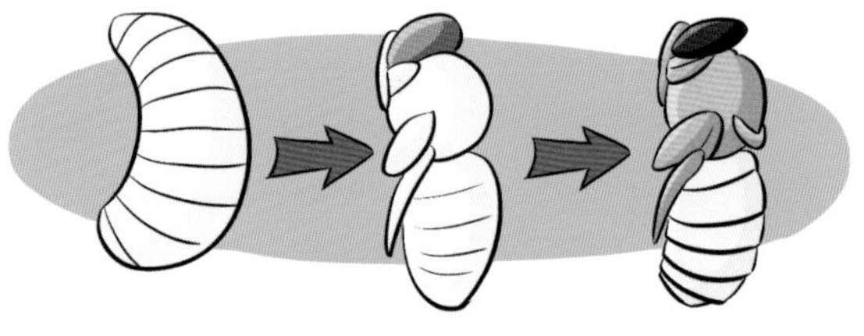

## 蛹

长大后的幼虫会变成初具成虫形状的蛹。在蛹期，蜜蜂的内部器官会被改造和分化，形成成蜂的各种器官，逐渐呈现出头、胸、腹三部分，附肢也会显露出来，颜色也会逐步变深。

## 成蜂

蛹完全变成成虫后，就会从孵育室里钻出来。这时的蜜蜂外骨骼较软，体表绒毛十分柔嫩，体色较浅，但不久后骨骼就会硬化，四翅伸直，体内各种器官也会逐渐发育成熟。由卵孵化成成虫，大约需要 20 天。

## 蜂王、工蜂和雄蜂

蜂王是有生殖能力的雌蜂，负责产卵繁殖后代，体型是蜂群中最大的。根据需要，蜂王可以产下受精卵，发育成工蜂，也可以产下未受精卵，发育成雄蜂。工蜂是没有生殖能力的雌蜂，它们在蜂群中数量最多，负责筑巢、采花粉、保护蜂王产卵等。雄蜂的职责是和蜂后繁殖后代，不过在与蜂王交配后，雄蜂很快就会死亡。

## 奇妙的舞蹈

蜜蜂会通过舞蹈来传递信息，它们的舞蹈有各种形式，可以表达蜜源、粉源的数量、质量、方向和距离等。比如，它们跳圆圈舞表示蜜源离得比较近，跳 8 字舞表示蜜源离得比较远。

## 蜂巢

蜜蜂的蜂巢建造得非常科学和巧妙，每个巢室都是正六边形，力学结构合理，也充分利用了空间，适合蜜蜂的群居生活。一个标准的蜂巢，大约可以供 5 万只蜜蜂居住。

# 蜘蛛

跳蛛

我叫跳蛛，听名字就知道我擅长蹦跳。今天，我可是饱餐了一顿，我用吐的丝当作一根“保险绳”，从天而降，地面上的猎物还没来得及反应过来就束手就擒啦！

## 卵

在产卵前，雌蛛会先用丝做一个“产褥”，然后把卵产在上面，再用丝覆盖起来，织成一个卵袋。许多雌蛛织好卵袋后，喜欢将其伪装后藏起来，也有的会随身携带，用嘴叼着或用丝缠在腹部、胸部。

## 发育

蜘蛛卵在卵袋中发育为小幼虫，不久后就变成蛹，继而孵出幼蛛。幼蛛一般会在卵袋中停留一段时间再出来，要是遇到冬天，它们甚至会在卵袋中过了冬到第二年春天再出来。

## 成虫

不同种类的蜘蛛，成年以后的体型大小差别很大。最小的体长不到 1 毫米，最大的体长超过 20 厘米。

## 眼睛

蜘蛛与昆虫的复眼不同，都是单眼，但大多数蜘蛛都长着大小不一的8只眼睛。不过，也有些种类的蜘蛛只有2只、4只或6只眼睛。更奇怪的是，有的蜘蛛甚至没有眼睛。虽然蜘蛛有许多眼睛，但它们的视力却很一般，看到的东西总是很模糊，可以说蜘蛛是一个可怜的近视眼。

## 蜘蛛丝

蜘蛛的腹部有一个特殊的腺体，能分泌出一种特殊的液体。这种液体经蜘蛛的纺器吐出后，遇到空气就会凝固成丝。蜘蛛丝虽然看起来很细，但强度却比同样粗细的钢丝大3倍以上。所有蜘蛛都会吐丝，但不是所有蜘蛛都会织网。例如跳蛛，它们不会织网，而是使用蜘蛛丝作为拖绳或者降落伞。如果它们要降落下来，就会巧妙地利用蜘蛛丝，安全地着陆在地面上。如果要捕食猎物，它们会在半空中控制蜘蛛丝，使自己精确地攻击目标。

## 织网

织网是蜘蛛的特殊本领。蜘蛛织网时，会先找到两个主要支点，用丝将它们连起来。这样，蜘蛛就可以利用这根细丝线，把自己挂起来，然后继续织网。当一张网因为变干而失去黏性后，蜘蛛就会重新织一张新网。

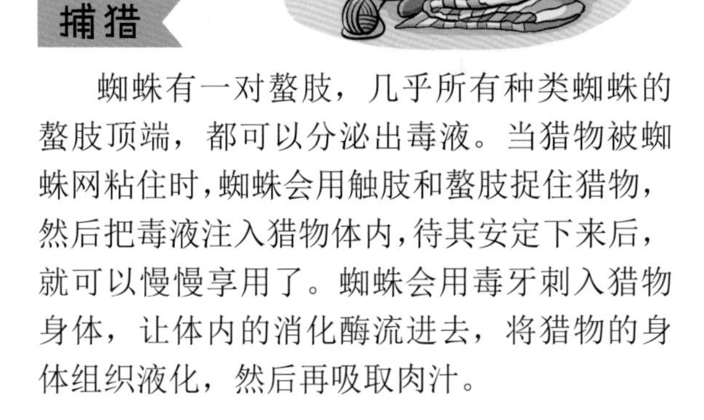

## 捕猎

蜘蛛有一对螯肢，几乎所有种类蜘蛛的螯肢顶端，都可以分泌出毒液。当猎物被蜘蛛网粘住时，蜘蛛会用触肢和螯肢捉住猎物，然后把毒液注入猎物体内，待其安定下来后，就可以慢慢享用了。蜘蛛会用毒牙刺入猎物身体，让体内的消化酶流进去，将猎物的身体组织液化，然后再吸取肉汁。

# 鸟

蜂鸟

今天又被误会了，不开心！就是因为我个子小，不是被误会成苍蝇，就是被误会成蜜蜂，害得我总要一遍又一遍地解释：我是鸟类，我叫蜂鸟。

## 卵

鸟卵一般被称为鸟蛋。各种鸟的蛋大小、颜色都不同，但内部构造基本相同，有蛋黄、蛋清，在蛋的一端还有气室。不同的鸟蛋孵化时间也不一样，长的需要几个月，短的只要10天左右。

## 雏鸟

鸟蛋经过孵化，就会孕育出雏鸟，然后破壳而出。雏鸟有早成鸟与晚成鸟之分，早成鸟出壳时眼睛已睁开，全身覆有绒羽，腿足有力，等到绒羽干后就能跟随父母自行觅食，比如鸡、鸭、鹅、雁等；晚成鸟出壳时眼睛还没睁开，身上的绒羽很少，甚至全身裸露，腿和足软弱，没有独立生活的能力，需要由父母来喂养，比如鸽子、燕子、啄木鸟、麻雀等。

## 成年

不同种类的鸟，成年后的体型差异很大。世界上最大的鸟是生活在非洲的非洲鸵鸟，它们有2～2.5米高，体重超过50千克；世界上最小的鸟是蜂鸟，大多数蜂鸟和蜜蜂差不多大小。

## 骨骼

鸟的骨骼很轻盈，但也很坚实。大多数鸟的骨骼还是中空的，里面充满了空气，这样可以尽量减少体重，有利于飞行。据分析，鸟骨只占鸟体重的5%～6%。由于骨头轻，翅膀极容易带动起来，加上鸟体内还有很多气囊与肺相连，这对减轻体重、增加浮力非常有利。这些优越的条件让鸟类拥有无可比拟的飞行绝技。

## 羽毛的作用

不同的鸟身上的羽毛长短、颜色都不同。鸟身上较长较粗的羽毛是用于飞翔的；较细软的绒毛状的短羽毛是用来保暖的；盖满全身的普通羽毛，主要是防止水渗入的。鸟尾部的羽毛排列得像舵一样，在飞行时，可以起到保持平衡的作用。

## 鸟喙

鸟嘴的学名叫喙，不同种类的鸟，喙的形态也不一样。猛禽类的喙很强壮，一般向下弯曲成钩状；啄木鸟的喙像凿子一样，能啄碎树干，取食虫子；雀类的喙呈圆锥形，可以咬裂种子的硬壳。

我的喙能破肉！

我的喙能破树！

我的喙能破壳！

## 鸟巢

鸟类大多善于筑巢，这不仅是为了栖息，也为了在繁殖期孵化鸟蛋。许多树栖鸟都在树杈间用树枝、草茎、羽毛等筑巢；有的水禽会用芦苇、草叶等在水面上筑浮巢；有的鸟还能用草叶编织出像兜子一样精美的巢。

# 鲸

鲸

今天，我不小心游到了浅海区。幸运的是，我被在岸边玩耍的一个小男孩发现了，他喊来了好心的人类，大家齐心协力把我送回了大海。谢谢人类的关爱！

## 我出生啦

鲸是胎生动物。雌鲸产子时，一般会游到温暖的海域，因为刚出生的幼鲸身上脂肪少，保暖能力差。幼鲸出生后，会钻到雌鲸的腹下吸食母乳。

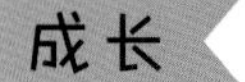

## 成长

鲸的哺乳期一般为 10 个月，在此期间，幼鲸总是形影不离地跟着雌鲸。幼鲸成长的速度很快，因为雌鲸的奶中富含脂肪和蛋白质。

## 成年

世界上的鲸有两大类，一类是齿鲸，如抹香鲸、虎鲸、海豚等；另一类是须鲸，如蓝鲸、长须鲸、灰鲸等。成年齿鲸一般体型较小，除抹香鲸外，体长大多小于 10 米。成年须鲸的体型基本较大，比如蓝鲸，体长能达到 30 米以上。

## 鲸须的作用

须鲸的嘴里长着鲸须，从上颚垂下来，就像书页一样，一面一面排列得很整齐。当须鲸张开大嘴游动时，大量的浮游生物就会跟着海水一起涌进嘴里。随后，须鲸半闭着嘴，利用舌头将口中的海水压出口腔。经过鲸须的过滤，大量的浮游生物就会留在须鲸嘴里，成为美食。

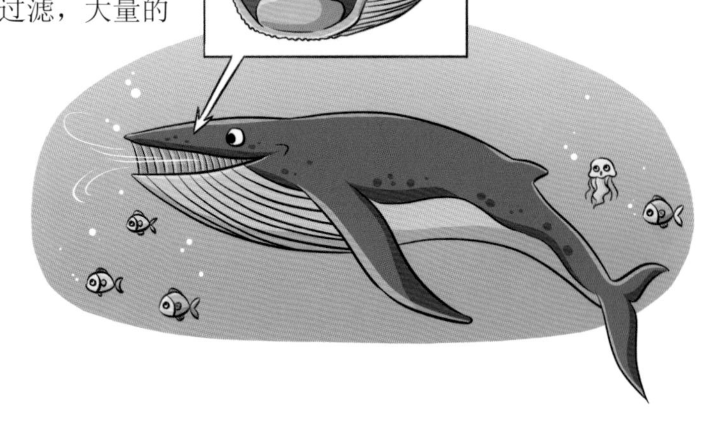

## 声呐系统

许多鲸都拥有声呐系统，能产生用于探测和传递信息的信号。这种能力在其他海洋动物身上也很常见，因为大洋深处非常黑暗，动物们不得不采用声呐等手段来搜寻猎物和防避攻击。

## 呼吸

鲸的鼻孔长在头顶，并有开关自如的活瓣。当鲸浮出水面换气时，活瓣就会打开，从鼻孔里喷出一股气雾。很多人以为这是鲸喷出的水柱，其实这是它呼出的热空气因接触到外界冷空气而凝结，产生了许多小水珠，因此形成的白色雾柱。

## 保护鲸类

鲸有时游到太靠近海岸的地方就会搁浅，因为不能自己游回海洋而死亡。据科学家研究，人类在海洋中应用的声呐，与大量鲸的搁浅也有很大关系。有的国家还将捕鲸作为重要的经济来源，使得鲸的数量急剧下降。因此，现在鲸已经被列为国际保护动物。

# 鲨鱼

小鲨鱼

今天是我出生后第一次自己独立觅食。那些小鱼都太狡猾了，我费了九牛二虎之力，勉强才有一点收获。俗话说万事开头难，等下次觅食时，就会简单很多吧！

## 我出生啦

鲨鱼有三种繁殖方式，即卵生、卵胎生和胎生。大型鲨鱼大多是卵生，母鲨排出的卵呈布袋状或螺旋状，固定在珊瑚礁、海底植物或石缝中；卵胎生就是母鲨产的卵不排出体外，而是在体内发育成小鲨后再离开母体；胎生则像哺乳动物一样，鲨鱼幼崽在母鲨腹中成长，靠脐带获取营养，成长到一定程度才离开母体。

## 成长

幼鲨与成年鲨鱼长得一样，只是身体还很小。幼鲨一出生就能自己觅食，甚至有的鲨鱼还在母体中就会残忍地吃掉自己的兄弟姐妹。大多数幼崽靠吃鱼、软体动物、甲壳类动物、磷虾、海洋哺乳动物和浮游生物为生。

## 成年

不同种类的鲨鱼成年后体型不一。鲸鲨是海洋中最大的鲨鱼，一般成年后身长超过 10 米。最小的鲨鱼是侏儒角鲨，长约 30 厘米，小到可以放在手上。

## 皮肤

鲨鱼的皮肤很粗糙，上面覆盖着一层带齿的盾形鳞片，叫作盾鳞。这些鳞片上的齿非常锋利，就像鲨鱼的牙齿一样，可对鲨鱼起到保护的作用。

## 牙齿

鲨鱼的牙齿有好几排，像锯齿一样，非常锋利，能轻而易举地咬断手指般粗的电缆。当靠外边的牙齿脱落后，里边的牙齿就会长出来作为替补。新的牙齿比旧的牙齿更大更耐用。鲨鱼的一生需要更换上万颗牙齿，这些牙齿呈锯齿状，不但能紧紧咬住猎物，还能将它们锯碎。

## 嗅觉

一般来说，鲨鱼的鼻孔位于吻部下方，里面长着触须，可以帮助鲨鱼感知。鲨鱼的鼻孔并不是用来呼吸的，而是用来闻气味的，它们可以闻到 400 米甚至更远距离的血液的气味。

## 体内的油箱

鲨鱼没有鱼鳔，所以不能像其他鱼类一样利用鱼鳔控制浮潜。鲨鱼体内最大的器官是肝脏，里面充满了油，因为油比水轻，所以可以增加鲨鱼身体的浮力。不过，鲨鱼还是需要不停地游泳，才能保持漂浮状态。

# 海豹

海豹妈妈

今天，我要宣布一件大喜事——我的宝宝出生啦！它长得真可爱，就像一个小雪球。我亲爱的宝宝，妈妈会牵着你的手，陪着你健康长大，我会用尽今生所有的爱来爱你。

## 我出生啦

在繁殖期，母海豹会爬到冰面上产子。一般来说，它们一胎只产一只小海豹。小海豹全身都是白色，与冰雪的颜色接近，使它们不容易被敌人发现。

## 成长

小海豹出生后，母海豹会精心照料它，每天及时喂奶。如果遇到危险，母海豹会先迅速将小海豹推入水中，然后自己也潜水逃走。有的海豹很聪明，会在栖息的浮冰上打一个洞，以便随时逃命。

## 成年

海豹一般 2 ～ 4 岁成年，不同种类的海豹体型差异也很大。最大的海豹是象海豹，其身长可超过 6 米，体重达 3 ～ 3.5 吨。最小的海豹是环斑海豹，身长 130 ～ 140 厘米，重约 90 千克。

## 冰上凿洞

在南极，由于海水的温度比陆地上高，所以海豹喜欢在海水中过冬。它们会用锯齿一样的门牙将冰层凿出一条缝隙，再沿裂缝凿成一个洞。这样，它们就可以把身子浸在水中，把鼻孔露出水面呼吸了。

## 生存能力

海豹有适应寒冷的能力，它们将食物转换成能量的速度非常快。它们的皮下还有厚厚的脂肪，既可以增加身体的浮力，又能为它们提供能量。而且，它们还能随意收缩身体表面的血管，以减少热量的散失。

## 淡水海豹

海豹大多生活在海洋中，但在贝加尔湖中却生活着世界上唯一的淡水海豹。大多科学家认为，贝加尔湖海豹应该来自北冰洋，因为它们与那里的环斑海豹在血缘关系上最为接近。

## 生存危机

由于海豹的经济价值很高，所以遭到了人类的捕杀，导致其数量骤减。另外，油轮泄露、赤潮爆发等也导致了海豹大批死亡。为了保护海豹这种珍稀动物，中国的环保团体拯救海豹基金会把 3 月 1 日作为国际海豹日。

# 大马哈鱼

大马哈鱼

为了游到故乡产卵，今天继续逆流而上，这对我来说真是一个巨大的考验。不过，我对自己的游泳技术非常有信心。俗话常说：鲤鱼跳龙门。我们大马哈鱼也不甘落后。

## 卵

大马哈鱼平时生活在海水中，但到了要产卵时，就会返回自己出生的河里，然后把卵产在浅水中的沙子或碎石上。

## 成长

小大马哈鱼孵出后，就开始在河里游动。开始几周，它们靠吃昆虫和小型水生动物为生。在淡水中生活一段时间后，它们就会顺着水流向大海游去，并最终在大海中长大。

## 成年

成年后的大马哈鱼，到了要繁殖后代的时候，就会找到几年前入海时的河口，然后向上游游去，一直到达出生的地方，最后在这里产下鱼卵。绝大多数完成生殖的大马哈鱼会筋疲力尽而死，以致河面布满了它们的尸体。

## 游泳本领高

大马哈鱼要游到故乡的产卵地，必须逆流而上，一路上穿过激流和瀑布。大马哈鱼的游泳本领很高，能跳到 4 米远、2 米高，所以它们才能克服强大的水流和瀑布，顺利回到故乡。

## 体色变化

当大马哈鱼做好产卵准备时，体色就会变得非常鲜艳。比如，北美大马哈鱼就会变成红色。这一变色过程不是一蹴而就的，而是从洄游至江河性激素大量分泌时就开始的。

## 灵敏的嗅觉

大马哈鱼有十分灵敏的嗅觉，可以利用水的气味来确定自己的“航路”。因为每条河流中的植被、河床的类型、溶解在水中的物质等都不同，所以每条河流都有独特的“气味”，这就是大马哈鱼能准确找到“故乡”的原因。

## 狂欢的棕熊

当大批的大马哈鱼逆流而上时，许多肉食动物也早就做好了捕食的准备，其中就有北美棕熊。对于棕熊来说，捕食大马哈鱼就是它们的一场狂欢聚餐。

# 鳄鱼

蜥蜴真可恶！要不是我今天守候在巢穴旁边，就让它们得逞了！只要有我在，谁都别想打宝宝们的主意！如果不相信，那就较量一番吧！我会让你哭得很有节奏。

## 卵

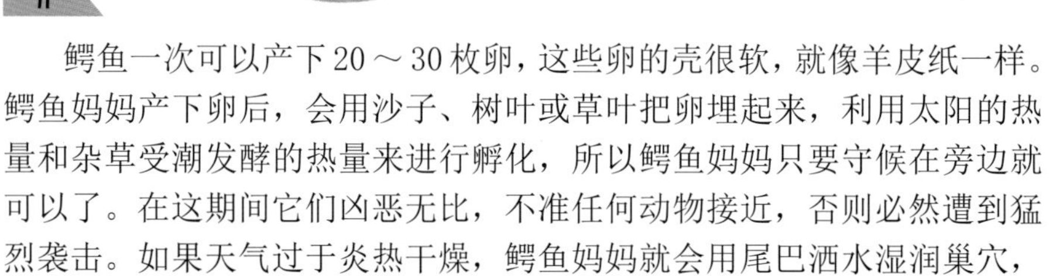

鳄鱼一次可以产下20～30枚卵，这些卵的壳很软，就像羊皮纸一样。鳄鱼妈妈产下卵后，会用沙子、树叶或草叶把卵埋起来，利用太阳的热量和杂草受潮发酵的热量来进行孵化，所以鳄鱼妈妈只要守候在旁边就可以了。在这期间它们凶恶无比，不准任何动物接近，否则必然遭到猛烈袭击。如果天气过于炎热干燥，鳄鱼妈妈就会用尾巴洒水湿润巢穴，让鳄鱼卵保持适当的温度。

去水里玩吧！

## 成长

鳄鱼在孵化时，幼鳄的性别会受温度的影响。当外界温度较高时，孵出的幼鳄多为雄性；当外界温度较低时，孵出的幼鳄多为雌性。母鳄听到幼鳄的第一次叫声时，就会用前肢扒开巢穴，用嘴把幼鳄叼到水里，然后精心照顾它们。

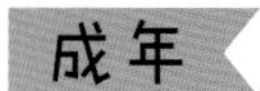

## 成年

成年的鳄鱼经常躲在水下，只将眼、鼻露出水面，看起来就像一根圆木。它们的视力和听力都很灵敏，一旦受到惊吓就立即下沉。只有在晒太阳和产卵时，鳄鱼才会上岸。

## 牙齿

鳄鱼的牙齿长长的，呈圆锥形，非常锐利。鳄鱼进食时，不能像蛇一样把猎物整个吞下，要把猎物撕裂成块状才能吞下。由于鳄鱼牙齿的牙根发育不像人类那么完善，所以在撕咬猎物的过程中牙齿容易掉落，但是鳄鱼终生有无数牙齿备用，掉落不久就会长出新的牙齿来，一般新换的牙也只能维持两年。

## 眼睛

鳄鱼的眼睛像猫一样，白天瞳孔会变窄，晚上又变大，还能发出淡红色的光。鳄鱼视力比人类精确度高出 7 倍。它们拥有出色的夜间视力，因为眼睛后面长有一个薄薄的类似镜子的结构，帮助反射没有被眼睛吸收的光线，这就是鳄鱼的眼睛会在夜里发光的原因。

## 体温

鳄鱼是变温动物，它们的体温总是随外界气温的变化而变化。为了调节体温，鳄鱼有时会钻入水中，有时又会爬到岸上晒太阳。

## “流眼泪”

人们发现，鳄鱼在吃东西的时候会“流眼泪”。其实，这只是鳄鱼的一种排盐方式。因为鳄鱼在进食时，体内的盐分会增加，而鳄鱼的盐腺又正好在眼睛附近，所以排盐时看起来就像在流眼泪一样。

# 章鱼

小章鱼

真是悲伤的一天！我又失去了一位小伙伴！我们去玩耍时发现了一个空瓶子，它立刻钻了进去。突然，拴在空瓶子上的绳子慢慢提了起来，它就这样被带走了……

## 卵

每到繁殖季节，母章鱼就会产下一串串晶莹饱满的卵，并寸步不离地守护着。母章鱼会经常用触须翻动抚摸这些卵，还会喷水挨个冲洗。但等到小章鱼从卵里孵化出来时，母章鱼也会筋疲力尽地死去。

## 成长

可怜的小章鱼一孵出来就成了孤儿，必须独自求生，因此它们适应环境的能力很强。它们一般以海洋软体动物、贝类及甲壳类动物为食，比如海蛞蝓、牡蛎、虾、蟹等。

## 成年

章鱼家族成员众多，成年后体型差异很大，最小的身长只有几厘米，最大的却有好几米。章鱼非常喜欢藏身于空心的器皿之中，因此人们常将瓦罐、瓶子等用长绳子拴住，沉入海底，用来捕捉章鱼。

## 超常的智力

章鱼非常聪明，当它们找到牡蛎以后，会在一旁耐心等待。当牡蛎开口时，它们就迅速把一块石头扔进去，让牡蛎的两扇贝壳无法关上。然后，它们再把牡蛎的肉吃掉，并钻进壳里安家。

## 伪装高手

章鱼是顶级的伪装高手，能像变色龙一样改变自身的颜色，还能改变身体的形状，有时变得如同一块覆盖着藻类的石头，有时伪装成一束珊瑚，有时又把自己装扮成一堆闪光的砾石。

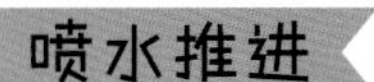

## 喷水推进

章鱼体内有一套奇妙的推进系统，在其颈部，有一个类似炮筒的管子，叫漏斗。当它们游动时，可以从漏斗处喷出高速水流，就像火箭发射一样，推动自己前进。

## 断腕求生

章鱼的再生能力很强，当遇到强大的敌人时，它们如果难以逃脱，就立刻切断一只触须，让这条不停蠕动的触须吸引敌人，自己则趁机溜走。章鱼的触须断了以后是不会流血的，而且伤口很快就能愈合，不久后还能再长出一条新的触须。

# 娃娃鱼

小娃娃鱼

我猜，那只乌龟可能是被我们可爱的名字给迷惑了。今天竟然前来挑战我。我出了一个主意：和它比挨饿。谁坚持不吃东西的时间更长，谁就是胜者。哈哈！

## 卵

每到夏季，雌性娃娃鱼就会在水底的石洞间产下上千枚卵。这些圆形的卵被包在长长的卵胶带中，一串串的，呈链珠状。

## 成长

大约 30 ～ 50 天后，娃娃鱼卵就孵化成小鱼了。这些刚孵出的小娃娃鱼看起来就像蝌蚪一样，前后腿也几乎是同时长出的。小娃娃鱼有集聚的习性，常成群地聚集在石缝中嬉戏。

## 成年

成年娃娃鱼体长可达 2 米，一般白天时单独在水中的窟窿里栖居，夜间才外出寻食，黎明前又返回。娃娃鱼的食物包括鱼、蛙、蟹、蛇、虾等，有时候它们也吃小鸟和鼠类。

## 呼吸

大娃娃鱼每隔 6 ～ 30 分钟，就会把头伸出水面呼吸一次。不过，由于娃娃鱼的肺发育不完善，所以也像青蛙一样，需要借助湿润的皮肤来进行气体交换。

## 道家太极图

在太极图中，有一块代表“阳”，呈白色；另一块代表“阴”，呈黑色。据说，太极图的原型就是两条互相环抱的娃娃鱼，所以叫作阴阳鱼。

## 耐饥能力

娃娃鱼的新陈代谢很慢，所以耐饥能力非常强，只要生活在清洁凉爽的水中，就算三年不吃东西也不会饿死。但如果食物充足，它们饱餐一顿就可以增加体重的五分之一。

## 超长的寿命

娃娃鱼的寿命在两栖动物中是最长的，在人工饲养的条件下，它们能活 130 年之久，难怪有人叫它们“寿星鱼”。

# 蛇

小蛇

今天，我出生了。我从壳中钻出来，第一次看到了这个五彩斑斓的世界。哎呀！肚子饿得咕咕叫了，我要开始第一次独立寻找食物了，加油！

## 我出生啦

大多数蛇都是卵生的，但也有一些是胎生的。大多数雌蛇产下卵后，就对其置之不理了。不过雌蟒却会缠绕在卵上，以保护卵并将其孵化出来。

## 成长

大约两个月后，幼蛇就开始孵化出壳了。蛇卵的壳非常脆弱，跟稍微厚点的纸一样，幼蛇很容易就能将其撕破并钻出来。不管是卵生的蛇还是胎生的蛇，它们一出生就有独立生活的能力，会自己寻找食物。

## 成年

不同种类的蛇，成年后的体型差别很大。有的像铅笔一样细小，有的则比汽车还长。而且，蛇即使成年以后也在不断长大，尽管成长的速度会减慢一些。

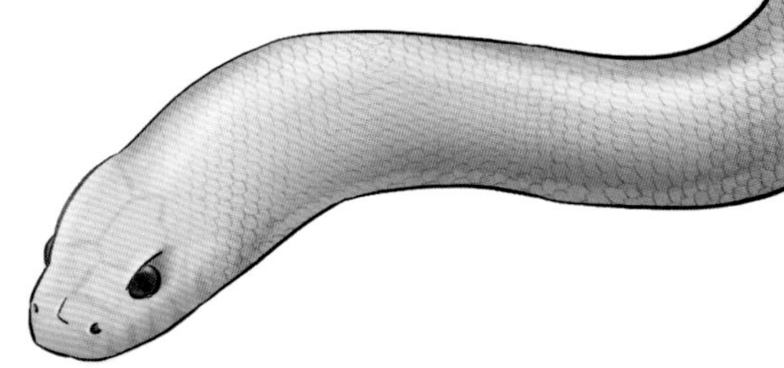

## 运动

蛇有多种运动方式，主要有蜿蜒运动、直线运动、伸缩运动、弹跳运动和侧向运动等，主要是依靠它们能活动的肋骨、皮下肌肉和腹部的鳞片实现的。在所有蛇中，爬行速度最快的是黑曼巴蛇，时速可达 20 千米甚至更快。

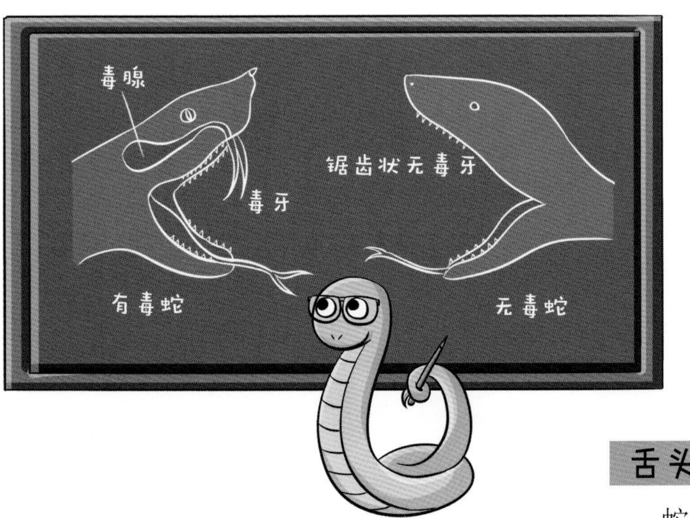


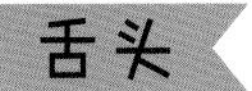

## 毒蛇的牙齿

毒蛇的上颚长有两颗又尖又长的毒牙，牙中心有一条细管道，与体内的毒腺相连。当毒蛇咬住猎物时，毒腺中的毒液就会从管道中喷出，注入猎物的体内。

## 舌头

蛇的舌头很长，舌尖分叉，上面长着许多感觉小体，能灵敏地感觉气味和震动，并以此来判断面对的是猎物还是敌人。

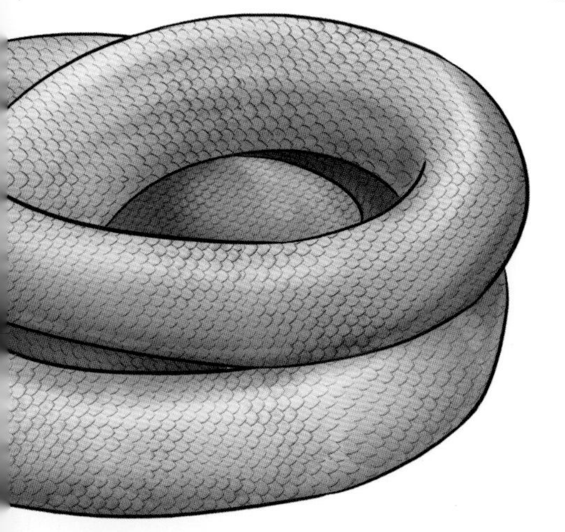

## 蜕皮

每条蛇的身上都有一层鳞状皮肤，随着蛇的身体长大，就需要更宽大的新皮肤，于是它们就会蜕皮。一条生长快速的蛇，一年要蜕皮好几次。

奇趣动物联盟
★
认证

萌宝最佳照料师

编号：______________

姓名：______________

发证日期：__________

亲爱的小读者，在动物宝宝的成长过程中，很多动物父母给了它们无私的关爱。从我们出生到现在，我们的父母也一直在默默奉献着，请不要忘了感恩他们为我们付出的一切。